MÉMOIRE

SUR

LES CHARBONS.

IMPRIMERIE DE FAIN, PLACE DE L'ODÉON.

THÉORIE

DE

L'ACTION DU CHARBON ANIMAL,

1°. SUR LES MATIÈRES COLORANTES ;

2°. DANS SON APPLICATION AU RAFFINAGE DU SUCRE.

Présenté au concours ouvert par la Société de Pharmacie de Paris ;

AVEC CETTE ÉPIGRAPHE :

« *Les progrès de l'industrie que la science éclaire*
» *sont des conquêtes impérissables.* »

(Mémoire qui a obtenu de cette Société une médaille d'or.)

Additions relatives aux matières premières utiles à la fabrication du noir animal,

Quelques considérations sur le problème de la *révivification du noir* proposé par la Société d'Encouragement.

PAR M. PAYEN, MANUFACTURIER, etc.

(Extrait des ANNALES DE L'INDUSTRIE NATIONALE ET ÉTRANGÈRE, Tome VI, page 149.)

A PARIS,

CHEZ BACHELIER, LIBRAIRE,

ÉDITEUR DES ANNALES DE L'INDUSTRIE NATIONALE ET ÉTRANGÈRE,

QUAI DES AUGUSTINS, N°. 55.

1822.

MÉMOIRE

SUR

LES CHARBONS.

PREMIÈRE PARTIE.

De l'action du charbon animal sur les matières colorantes.

Depuis la belle découverte de *Lowitz* sur les propriétés antiputrides et déclorantes du charbon, découverte qui précéda et fut, pour ainsi dire, le signal de son emploi dans une foule de circonstances ; et particulièrement pour décolorer les extraits des végétaux, bien des gens s'occupèrent d'étendre cette application : entre autres, M. *Kehls* publia, en 1798, des essais sur la décoloration parfaite de l'indigo, du safran, de la garance, du sirop noir, etc. par le *poussier de charbon*.

On imprima, en 1800, dans les *Annales de chimie* (Tome 49, page 62) une note de M. *Schaub*, de Cassel, relative à l'emploi du charbon dans la décoloration et la dépuration du miel, du suc des betteraves, etc. La première application utile du charbon au traitement du sucre brut des colonies fut faite par M. *Guillon;* cet habile raffineur répandit en quantités considérables dans le commerce des sirops décolorés qu'il préparait à l'aide du noir végétal (charbon de bois pulvérisé) : le goût agréable de ces sirops leur mérita la préférence marquée qu'ils obtinrent bientôt sur les cassonnades qu'on employait alors en France par économie, mais qui ne tardèrent pas à être repoussées de la grande consommation à cause de leur mauvais goût et des impuretés que contenaient ces sucres bruts ; le prix alors très-élevé des denrées coloniales s'opposait à ce que le sucre parvînt, pour la plus grande partie, à la consommation, sous la forme de sucre en pains. On ne tarda pas à se servir du noir végétal dans le *raffinage.*

M. *Figuier,* pharmacien à Montpellier, publia sur le charbon animal, en décembre 1811, une note de laquelle il résultait que ce charbon avait une action décolorante beaucoup plus forte que le charbon végétal (1) ; il annonça

(1) Il essaya cette propriété sur les vins et les vinaigres. M. *Kehls*, en 1793 (*Journal de physique*, tome 42, page 255), avait déjà indiqué l'emploi du charbon animal ; il en parlait ainsi : « Le charbon animal des os cal-

aussi, mais à tort et probablement sans en avoir fait l'essai, que les charbons obtenus de la calcination de toutes les matières animales quelles qu'elles fussent, et notamment de la gélatine, étaient doués de la même propriété; il supposa que cette dernière substance n'était pas entièrement carbonisée dans le charbon animal, quoiqu'il fût fortement calciné, et lui attribua le pouvoir décolorant (1).

En 1812, M. *Derosnes*, mettant à profit l'observation de M. *Figuier*, conçut l'idée de substituer le charbon des os au charbon de bois dans le raffinage du sucre des colonies et la fabrication du sucre de betteraves : plusieurs es-

---

cinés en noir s'est montré plus efficace que la corne de cerf calcinée en blanc, mais son effet est toujours inférieur à celui du charbon végétal..... » Plus loin, page 259, il ajoute : « De toutes les espèces de charbons, le charbon végétal s'est montré plus efficace que tous les autres, *relativement à la qualité dépuratoire*, quoique le charbon animal ou les os brûlés et même les charbons de terre ne soient pas non plus tout-à-fait inutiles. »

Ces essais, bien qu'ils n'aient pas conclu d'une manière favorable pour l'action décolorante et surtout *dépuratoire* du charbon animal, ont cependant dû mettre sur la voie des nouvelles tentatives que l'on a faites depuis avec plus de succès.

(1) Cette théorie était, comme on voit, fort bizarre, puisqu'elle reposait sur une hypothèse inadmissible.

sais le confirmèrent dans son projet, et en 1813 il nous fit part, à mon père et à moi, de cette idée, répéta devant nous les expériences comparatives qu'il avait faites des deux charbons sur des sirops de sucre; elles étaient convaincantes et nous acceptâmes aussitôt sa proposition d'utiliser à cet emploi le charbon qui résultait de la calcination des os dans notre fabrique de sel ammoniac et de produits ammoniacaux; établissement que mon père avait formé depuis vingt-cinq ans dans la plaine de Grenelle, aux environs de Paris. Nous ne tardâmes pas à nous adjoindre M. *Pluvinet*, notre associé (qui avait une fabrique de sel ammoniac semblable à la nôtre dans la plaine de Clichy), afin qu'il concourût avec nous à obtenir ce résultat : de faire substituer généralement l'emploi du charbon animal à celui du charbon végétal dans le raffinage du sucre, et de l'appliquer en grand à la fabrication du sucre indigène des betteraves.

On eut à vaincre une résistance énorme, relativement à l'application au raffinage; en effet, il s'agissait de renverser, de fond en comble, un art dont l'édifice élevé à grand' peine, par des gens qui n'avaient d'autres biens que cet ancien métier, des contre-maîtres dont toute la science acquise par vingt ans de travaux routiniers s'évanouissait devant ce mode nouveau de fabrication; des hommes dont le mérite même devenait, pour ainsi dire, négatif, en ce qu'il semblait leur donner une force d'inertie acquise plus considérable; et en effet, retranchés derrière leurs préjugés, ils fureut les derniers à se rendre; encore ne le firent-ils qu'après avoir combattu pied à pied et jeté partout des obstacles aux progrès de cet art nouveau. Quoi qu'il en soit, bientôt la plupart des raffineurs de Paris suivirent le mode d'opérer qu'on leur avait indiqué; il présentait cependant alors quelques difficultés dans le travail en grand.

J'essayai de modifier ces procédés encore imparfaits, et je parvins à rendre leur application dans les usines beaucoup plus simple et plus facile; bientôt les raffineries de Paris ne suffisant plus à la consommation du noir animal fabriqué dans les deux fabriques de Grenelle et de Clichy, je fis un voyage à Orléans, pour y porter cette industrie nouvelle que déjà on avait tenté d'y introduire. En moins d'un mois les principaux raffineurs de cette ville eurent achevé les dispositions et les changemens devenus necessaires à l'emploi du nouveau mode de fabrication, que l'exemple de la Capitale leur avait fait désirer de suivre. Rouen, Lille, Bordeaux, Nantes, ne tardèrent pas à venir s'approvisionner, à Paris, de charbon animal pour raffiner leurs sucres. Il fallait que les avantages de l'emploi du noir animal dans le raffinage du sucre fussent bien réels et bien démontrés, pour qu'en si peu de temps son usage eût été si généralement répandu; et en effet, en substituant cette nouvelle méthode à l'ancienne, on obtenait, par le traitement des sirops, toutes choses égales d'ailleurs, une cristallisation de plus, équivalant au moins à dix centièmes de sucre sec (*Guillon*, *Labat*, etc.): le sucre raffiné était plus blanc, et tous les produits secondaires, lumps, vergeoises, mélasses, etc., de meilleur goût, moins colorés et plus vendables. Malgré ces beaux résultats et un succès aussi rapide, quelques raffineurs refusaient de se rendre à l'évidence; en effet, on rencontre en France, comme partout ailleurs, des gens qui ne peuvent accueillir sans une sorte d'esprit de parti les nouvelles découvertes, et sont toujours disposés à repousser leurs résultats les plus utiles, bien qu'ils se mettent souvent ainsi en opposition directe avec leurs intérêts; une anecdocte assez curieuse qui démontre cette vérité par un exemple remarquable peut présenter ici quelque intérêt.

Des Hambourgeois, tout hérissés d'anciennes recettes routinières et blasonnés de titres que semblait leur avoir légués l'antique réputation du sucre de Hambourg, et leur généalogie particulière qui les constituait bons et loyaux raffineurs de père en fils depuis plus d'un siècle; se mirent en route pour Paris, afin d'y aller combattre à outrance le nouvel ennemi de leur ancienne doctrine ; et dans la crainte de rencontrer des ouvriers atteints déjà de la contagion, ils eurent le soin d'en emmener avec eux, qui, ne comprenant pas le langage des Parisiens, ne pussent avoir de communication avec ces derniers. Cette colonie d'une nouvelle espèce vint se fixer dans la plaine des Vertus près de Saint-Denis; les capitalistes et le contre-maître, voulant avoir des notions précises sur le procédé nouveau, que d'avance ils avaient condamné, se rendirent chez moi. Sachant que je m'étais occupé de l'application du noir animal au raffinage du sucre, ils venaient, disaient-ils, me demander des renseignemens sur les avantages que pouvait présenter ce nouveau mode de raffinage, avant de se livrer à cette opération. Je traitai devant eux, dans mon laboratoire, douze kilogrammes de sucre brut; le sirop fut en leur présence clarifié, filtré, évaporé et coulé dans les formes. Ils emportèrent les deux formes remplies afin de faire égoutter et terrer les pains du sucre raffiné sous leurs yeux.

Les avantages de l'emploi du noir animal sont trop marqués pour que cet essai ne fût pas très-concluant; mais ces messieurs en conclurent apparemment qu'ils auraient plus de mérite à renverser un système plus beau, car ils se mirent aussitôt en œuvre pour ériger à grands frais un établissement entièrement fondé sur les principes du raffinage hambourgeois, et ce ne fut qu'après une expérience de plus de six mois, expérience désastreuse qui vérifia les prédictions qu'on leur avait faites, et leur démontra une perte très-considérable résultant de l'infériorité de leurs produits et des quantités trop petites de sucre cristallisé obtenu par leurs moyens, qu'ils furent enfin forcés de renoncer à une entreprise aussi mal calculée, et mirent en vente cette raffinerie non productive.

Cependant, malgré quelques résistances encore, le procédé nouveau, ainsi que nous l'avons dit, se substituait de toutes parts à l'ancienne méthode ; ce succès rapide éveilla l'attention des savans, et on fit de nombreuses recherches sur le principe décolorant du charbon animal, principe que l'on supposait pouvoir être isolé, en éliminant les substances inertes qu'on apercevait en proportions très-grandes dans ce charbon si actif ; mais ne pouvant parvenir à ce résultat, qui eût été bien important sans doute, on s'en tint aux hypothèses, et on continua de penser que des gaz, des sulfures, des hydro-sulfates ou quelques autres agens, produisaient ces effets en quelque sorte particuliers au charbon animal.

Depuis long-temps une foule d'essais et d'observations que j'ai été à portée de faire pendant le cours de la préparation en grand, dans nos ateliers, du noir animal pour les raffineries, avaient fixé mon opinion relativement à la manière d'agir de ce produit sur les matières colorantes et extractives ; j'ai communiqué à plusieurs personnes la théorie que j'avais déduite d'un grand nombre de faits. Beaucoup de raffineurs, mes correspondans, ceux entre autres dont j'ai plus haut cité les noms, savent que tous les perfectionnemens que j'apportai successivement à la préparation du noir animal dans nos fabriques, et que je me proposais d'apporter encore, étaient fondés sur cette théorie que je vais exposer et qu'ils reconnaîtront ici.

Ainsi que nous l'avons dit au commencement de cette notice, l'application du charbon végétal à la décoloration, a précédé et amené l'emploi du charbon animal au même usage ; on attribuait donc, jusque-là, cette propriété décolorante au charbon en général ; mais on ne tarda pas à s'apercevoir que le charbon animal, qui contenait une proportion de carbone bien moindre, avait une énergie beaucoup plus considérable, et on en conclut qu'il devait renfermer un principe décolorant particulier : on se mit donc à sa recherche; quelques charlatans de science prétendirent même l'avoir trouvé.

Il était naturel de commencer l'étude de cette propriété singulière du charbon animal par l'essai du pouvoir décolorant de tous les corps que l'analyse pouvait démontrer dans cette substance.

DES GAZ.

Je ne m'arrêtai pas long-temps aux expériences sur les gaz, car il m'était facile de déduire directement d'observations constantes que j'avais faites dans une multitude d'essais sur le meilleur mode de préparation du charbon animal, que la présence de ces corps ne pouvait constituer le pouvoir décolorant; en effet, j'avais toujours remarqué que le charbon le plus longuement calciné, et celui qui avait été réduit en poudre la plus ténue, avaient, toutes choses égales d'ailleurs, un pouvoir décolorant plus fort : or, dans ces deux cas, la quantité de gaz retenue par le charbon devait être moins grande ; donc ce n'est pas dans ces corps que peut résider la propriété décolorante (1).

SELS ET SUBSTANCES ÉTRANGÈRES AU CARBONE.

J'ai essayé sur diverses matières décolorantes, mais particulièrement sur des dissolutions de

---

(1) On sait que l'absorption des gaz par le charbon est d'autant moindre que la quantité de pores est moins considérable, et que les corps poreux contiennent d'autant moins de pores qu'ils sont plus divisés.

sucre brut (et en assez grande quantité pour pouvoir déterminer à la fois l'action de ces substances sur la couleur, et leur influence sur la cristallisation du sucre) les oxides de fer et de manganèse, les sulfates, les hydro-sulfates, les hydro-chlorates, l'acide hydro-sulfurique, les acides, les alcalis, les sulfures alcalins, la magnésie, le phosphate de magnésie, l'alumine, la silice, la chaux, le carbonate de chaux, etc.; toutes ces substances ont ou très-légèrement décoloré le sirop, ou augmenté l'intensité de sa couleur, mais en altérant la propriété cristallisable du sucre (1), ou enfin n'ont produit aucun effet; l'alumine seule a précipité à la fois la matière colorante et l'extractif; mais son action, quoique analogue à celle du charbon animal, est de beaucoup moins énergique que celle de ce dernier; donc aucune de ces matières étrangères au carbone dans le charbon animal (dont quelques-unes d'ailleurs ne sont pas contenues dans ce charbon, ou n'y sont du moins qu'en proportions très-petites), ne peut concourir sensiblement aux effets produits par ce charbon dans le raffinage du sucre.

Je démontrerai ci-après, d'une manière différente et plus positive encore, que tous les

---

(1) Les acides surtout.

corps étrangers au carbone, les uns ou les autres, ou par la réunion de quelques-uns, deux à deux, trois à trois, etc., ne pouvaient être agens de la décoloration; en effet, que deviennent-ils lorsqu'on a fait subir au charbon animal diverses opérations sur lesquelles je vais entrer ici dans quelques détails?

J'ai pris une quantité assez considérable de noir (50 kilogrammes), qu'un raffineur croyait doué d'un pouvoir décolorant peu ordinaire : je préparai d'un autre côté une quantité de liqueur colorée (comme dans le sucre brut par un peu de sucre caramélisé) assez grande pour que cette liqueur d'épreuve pût me servir aux essais nombreux que je me proposais de faire, et afin aussi que les résultats pussent être comparatifs plus facilement.

J'essayai l'action du noir peu calciné qui développait une odeur hépatique, etc.; le liquide fut sensiblement décoloré. En désignant par A la couleur de la liqueur d'épreuve, j'indiquai par B celle du même liquide après qu'il eut été ainsi décoloré; je mis dans un creuset de platine une portion du même charbon mal cuit, et je poussai sa calcination un peu plus loin; j'essayai son pouvoir décolorant et je conservai la liqueur qu'il avait décolorée, je la marquai C; je calcinai davantage encore ce charbon en le tenant dans le creuset pendant une heure au rouge cerise, et la liqueur qu'il décolora après cette deuxième calcination fut marquée D : enfin je poussai la calcination beaucoup plus loin encore en tenant le creuset exposé à une température du rouge blanc pendant deux heures; la couleur noire du charbon, qui jusque-là avait augmenté d'intensité à chaque calcination nouvelle, cette fois semblait avoir diminué, et j'aperçus quelques points blancs disséminés dans la masse. Ce charbon essayé, je marquai la dissolution qu'il décolora d'un B'.

Je pris alors du noir recalciné qui m'avait produit la décoloration D que je divisai en plusieurs parts pour le traiter de diverses manières:

1°. Je le lavai à l'eau distillée bouillante par lotions successives et équivalant en tout à 50 fois son poids; ce noir désséché et légèrement calciné, me donna à l'essai une décoloration que je marquai E.

2°. J'employai au lieu d'eau pure de l'acide acétique très-affaibli, aux lavages de ce noir; je les terminai par de l'eau distillée pure; je desséchai, calcinai légèrement, et obtins par sa réaction sur le même liquide coloré, la décoloration E'.

3°. J'opérai des lavages abondans avec de l'eau d'abord, et ensuite de l'alcohol, et je des-

2

séchai et calcinai après ; je marquai la décoloration obtenue E″.

4°. J'exposai, pendant un mois, ce noir sur une capsule plate de porcelaine dans un lieu humide ; je lavai après ce temps à grande eau, séchai et calcinai; j'obtins la dissolution décolorée, marquée E‴.

Il était facile, en comparant entre elles toutes ces dissolutions contenues dans des tubes de diamètres égaux, de remarquer tous les degrés différens d'intensité de couleur.

La liqueur d'épreuve marquée A était considérablement plus foncée que toutes les autres, dont les nuances étaient très-sensiblement dans l'ordre suivant :

B et B′. A peu près égales, mais bien moins décolorées que toutes les autres.

C, Mieux décolorée que les deux précédentes.

D, Mieux décolorée que les trois précédentes.

E, E′, E″, E‴. Décolorations à peu près égales entre elles, mais plus belles que toutes les précédentes.

Croyant pouvoir attribuer aux différens états du carbone les résultats ci-dessus, résultats qui du moins prouvaient d'une manière évidente que la plupart des corps étrangers au carbone n'agissaient pas, j'en conclus par hypothèse que le noir B était trop peu calciné, que son carbone n'était pas complètement mis à nu ; que le noir B′, par un excès de calcination, avait perdu une partie de son carbone ; que le phosphate de chaux, par un commencement de vitrification, avait rendu inerte une partie du carbone ;

Que dans le noir C, le carbone était mieux dégagé et par conséquent plus actif ;

Que dans le noir D, le carbone était plus libre encore et agissait d'autant plus ;

Qu'enfin dans les noirs E′, E″, E‴, tous les alcalis et les sulfures alcalins (substances qui augmentent l'intensité de la couleur des sirops, etc.) étant enlevés, l'action du charbon était devenue le plus énergique possible.

Toutes ces opérations répétées sur des sirops de sucre brut m'ont présenté les mêmes résultats ; j'ai eu de plus occasion de remarquer que dans toutes les décolorations qui me semblaient dues au carbone seul, la quantité de sucre cristallisé obtenue était toujours en raison de la décoloration : d'où on peut conclure que le charbon entraîne à la fois la précipitation de l'extractif et de la matière colorante (1).

---

(1) Dans plusieurs circonstances, lorsqu'on torréfie certaines plantes (la racine de chicorée, par exemple), il y a formation à la fois de matière colorante et de matière muqueuse extractive. Ces substances sont solubles dans l'eau et précipitables ensemble.

PHOSPHATE DE CHAUX.

Ce sel insoluble est en trop grande proportion dans les os, et à plus forte raison dans le charbon animal dont il constitue les soixante et dix centièmes à peu près, pour que l'on ne dût pas d'abord essayer sa vertu décolorante particulière : en effet, dès les premières expériences que j'ai faites sur le charbon animal, je m'étais assuré que le phosphate de chaux blanc, bien isolé du carbone et de toutes les autres substances qui l'accompagnent dans le charbon d'os, n'agissait pas sur les matières colorantes ou avait une action presque nulle.

CARBONE.

Après avoir vainement cherché le pouvoir décolorant dans toutes les substances qui constituent le charbon animal, et dans celles même qui y sont jointes accidentellement au carbone, je dus nécessairement me rattacher à ce dernier corps ; je l'isolai donc à son tour complétement ; je trouvai, en effet, qu'il était doué d'une vertu décolorante très-considérable ; et que son action était sensiblement plus forte que celle du charbon animal tout entier ; j'en pouvais déjà tirer la conséquence que ce principe était le seul agissant. Cette induction semblait être très-forte ; je ne m'en tins cependant pas là, et je crus devoir apprécier, d'une manière exacte et comparative, cette action sur les matières colorantes.

Je pris cent grammes de charbon d'os réduit en poudre impalpable, lavé à grande eau et desséché, je marquai un échantillon de ce produit du n°. 1.

Je pesai bien exactement quarante grammes de ce charbon (n°. 1), je le traitai par un grand excès d'acide hydro-chlorique, et lavai à grande eau, jusqu'à épuisement complet, le résidu insoluble resté sur le filtre; ce charbon désséché complétement pesait quatre grammes; je l'indiquerai par le n°. 2.

Le pouvoir décolorant de ces deux numéros, essayé avec soin sur la matière colorante du sucre brut, était dans le rapport de trois à un, c'est-à-dire qu'en représentant l'échantillon n°. 1 par l'unité = 1, l'échantillon n°. 2 était égal à 3 (1).

D'où il suit, en établissant une relation entre les pouvoirs décolorans et les poids, que 100 de charbon n°. 1 dont l'action décolorante serait représentée par 2,50, traités par l'acide hydro-

---

(1) J'ai remis à la commission des travaux de la Société de pharmacie deux échantillons de ces charbons, afin qu'elle pût vérifier les résultats que j'ai obtenus.

chlorique, se réduiraient en poids à 10, dont l'action totale serait représentée par « trois fois » celle du charbon n°. 1, divisé par le poids ré- » duit obtenu après le traitement par l'acide » hydro-chlorique. » On aurait donc cette formule :

$$\text{N}^{\circ}.\ 2 = \frac{3 \times 2.5}{10} = 0{,}75.$$

Donc en comparant le pouvoir décolorant du noir animal,

Avant le traitement par l'acide = 2,50,

A celui de ce noir après le traitement = 0,75,

On arrivera nécessairement à cette conséquence : « Qu'en éliminant le phosphate et le » carbonate de chaux du charbon animal, on » ferait une perte réelle en action décolorante » totale, et que cette perte serait dans le rapport » de 2,50 à 0,75 ou plus simplement de 10 à 3. »

Ce qui équivaut encore à dire que 100 kilogrammes, ainsi traités, seraient réduits à une action égale à celle de trente kilogrammes du noir employé, ou auraient perdu les *soixante-dix centièmes* de leur pouvoir décolorant.

Une anomalie apparente résultait de cette dernière expérience ; en effet, on aurait pu dire, qu'après avoir démontré que le pouvoir décolorant ne résidait dans aucune des parties constituantes du *noir animal* autre que le carbone, ce pouvoir ne résidait pas tout entier dans ce dernier principe, ce qui serait absurde : mais, pour expliquer ces faits, je crus devoir supposer que les matières étrangères au carbone, bien qu'elles fussent inertes de leur nature, pouvaient bien servir d'auxiliaires à ce principe décolorant en tenant ses molécules écartées, le présentant, ainsi, dégagé de toutes influences attractives, dans une sorte de division chimique, à l'action des matières colorantes; et je me proposai de faire sur diverses matières charbonneuses des recherches qui pussent confirmer ou détruire cette hypothèse.

Des essais multipliés, faits sur tous les charbons que je parvins à me procurer, me démontrèrent que l'on devait ranger dans la même classe, en raison de leur faible pouvoir décolorant, ou d'une action presque nulle, les charbons végétaux et animaux suivans : ceux de pin, de corne, des cuirs, des chairs musculaires, des nerfs, des cartilages, des apophyses, des os, des poils, de la soie, de la laine, etc., et généralement tous les charbons d'un aspect brillant et de forme pour ainsi dire vitreuse, caractères qui dénotent constamment les *charbons inertes*. Le charbon animal, lui-même, pourrait être classé parmi ces derniers si on lui faisait subir les opérations suivantes : qu'on l'imprègne à plusieurs reprises d'une dissolution de matière extractive végétale ou de sang, et qu'à chaque fois on le calcine de nouveau; après quelques-unes de ces opérations successives, il aura acquis cet aspect brillant; ses parties charbonneuses seront liées entre elles, à l'aide des portions additionnelles du charbon vitreux qui les aura, pour ainsi dire, vernissées, rendues impénétrables, et son pouvoir décolorant sera paralysé.

Il est donc bien clairement démontré que les charbons qui présentent des surfaces brillantes ont très-peu, ou point d'énergie, quelle que soit leur origine; le poli de leur surface indique en effet uue union telle entre leurs molécules, qu'elles ont subi une sorte de vitrification et doivent être inattaquables; n'est-ce pas cette forme particulière, ce serrement extrême des molécules qui dans le diamant rend le carbone, dont il est entièrement composé, si difficilement combustible? La distinction de *charbons animaux* et de *charbons végétaux* est donc fausse, si l'on veut désigner par la première dénomination ceux qui décolorent bien et par la deuxième ceux qui ont un pouvoir décolorant faible; comme on l'a généralement entendu jusqu'ici. On peut conclure de ce qui précede, que tous les *noirs brillans* doivent être considérés comme impropres à la décoloration; et ce qui suit démontrera que tous les charbons, de quelque origine qu'ils soient, dont l'action décolorante est bien prononcée, ont tous un aspect terne, quelquefois même sont d'une couleur grisâtre : on ne saurait donc établir de distinction plus convenable entre les divers charbons, qu'en les classant en deux genres, l'un qui comprendra tous les *charbons brillans*, l'autre tous les *charbons ternes*.

Pour arriver à la preuve de cette assertion, *que tous les charbons très-actifs ont un aspect terne*, aspect qui résulte de cette sorte de division chimique, de cet état particulier dans lequel doit se trouver le carbone pour être libre et agir avec le plus d'énergie possible sur les matières colorantes, nous citerons d'abord l'action décolorante des résidus de bleu de Prusse (1).

---

(1) Le charbon dit de *bleu de Prusse* est un résidu que l'on obtient dans la fabrication de l'hydrocyanate-ferruré de potasse (prussiate de potasse) en calcinant le sang desséché, les cornes, la laine, etc., avec la potasse. Ce charbon, malgré son pouvoir décolorant, quelquefois extraordinaire, n'est pas employé à cause de la difficulté de le préparer d'une manière constante ; il faut en effet des lavages très-considérables pour lui enlever toute la potasse qu'il retient fortement : la ténuité extrême de ce charbon rend les lavages très-difficiles ; ajoutons à cela que la plus légère modification dans la température, ou dans l'agitation du mélange, ou dans l'accès de l'air pendant la calcination des matières animales avec la potasse, donnent au résidu

Ce charbon nous fournit un exemple frappant de l'importance d'un état particulier du carbone, de l'utilité des distinctions que je propose d'établir; et enfin cet exemple démontre aussi la vérité de la théorie générale que je fonde ici : en effet, le charbon des résidus de bleu de Prusse est le résultat de substances qui, calcinées isolément sans l'intermède de la potasse, produiraient un charbon *brillant*, en quelque sorte fondu et jayèteux, qui agirait sur les matières colorantes avec moins de force que le *charbon végétal* ordinaire; tandis que l'addition de la potasse, pendant l'acte de la calcination, suffit pour produire dans ce charbon une différence d'action énorme; son pouvoir décolorant, qui était moindre que celui du charbon végétal, devient quelquefois vingt fois plus grand que celui de ce dernier : l'état du carbone est évidemment aussi totalement changé après cette opération; il se présente sous forme pulvéru-

---

charbonneux qui en résulte des propriétés toutes différentes; l'*état du carbone* semble seul pouvoir être changé dans ces variations presque inappréciables, et je crois devoir lui attribuer les différences qu'on remarque dans l'action décolorante de ces résidus. Si on représente par 10 le pouvoir décolorant du charbon animal ordinaire, celui des résidus du bleu de Prusse sera compris entre les limites de 5 à 40, sans qu'on puisse apercevoir de différence sensible dans sa préparation.

lente, terne ; sa couleur est grisâtre, il agit d'autant plus qu'il est plus parfaitement dépouillé de la potasse et des sels auxquels il était mêlé.

Le *charbon animal* ordinaire, est aussi susceptible de plusieurs modifications qui peuvent le dénaturer complétement, sous le rapport de son action décolorante ; et nous allons démontrer que dans ces divers cas, c'est encore à *l'état particulier* où le carbone se trouve, qu'on doit attribuer ces grandes variations de pouvoir décolorant.

Nous avons dit que le charbon animal, après son emploi dans le raffinage du sucre, restait imprégné d'albumine, de matière extractive, de sucre, etc. ; que ces substances, carbonisées avec lui, modifiaient l'état du carbone, etc. ; que par plusieurs opérations successives, il pouvait être rendu tout aussi peu actif que tous les charbons brillans. On voit que les divers degrés d'altération, dans le pouvoir décolorant, correspondent aux degrés d'altération du carbone ; mais je l'ai prouvé d'une autre manière encore : en m'assurant que si l'on parvenait à débarrasser le *noir animal* de toutes ces matières auxquelles il se trouve mélangé après avoir *servi* et avant de le calciner de nouveau, il reprenait après la calcination toute son énergie première.

Je suis arrivé à ce résultat par plusieurs procédés (1) :

1°. Après avoir, à l'aide d'un tamis fin, séparé du noir animal qui avait servi au raffinage, les matières insolubles grossières provenant du sucre, je l'ai traité par l'ammoniaque caustique à forte dose, et ensuite par des lavages à très-grande eau ; je l'ai ensuite fait sécher, calciné légèrement, et porphyrisé : son pouvoir décolorant était alors plus grand qu'avant son premier emploi.

2°. Après avoir, comme ci-dessus, séparé du noir animal qui avait servi, les morceaux de bois, le sable, etc., ajoutés dans son emploi au raffinage ; je le fis fermenter à l'aide d'une température humide soutenue, de vingt-cinq degrés ; il s'est dégagé beaucoup d'acide carbonique, d'alcohol, d'acide acétique, d'acide hydrosulfurique, etc., enfin tous les produits des fermentations alcoholiques, acétiques et putrides qui se succédèrent. Je lavai ensuite à grande eau, je traitai par un peu d'ammoniaque, pour enlever quelque peu de matières animales échappées à la fermentation ; je lavai encore à l'eau pure, calcinai au rouge, et triturai légè-

(1) Ces moyens ne sont pas jusqu'ici appliqués en grand, parce qu'ils seraient plus dispendieux que la fabrication du *noir neuf*.

rement le résidu charbonneux ; j'essayai son pouvoir décolorant et je le trouvai au moins égal à celui du *noir neuf* employé.

Les *charbons végétaux* présentent les mêmes phénomènes de modifications d'action décolorante qni suivent aussi les divers degrés d'action du carbone. En effet :

Premier essai : j'ai pris du charbon obtenu dans les fabriques d'acide pyroligneux , de la torréfaction (fritte) de l'acétate de soude goudronneux , (opération qui volatilise une partie du goudron et carbonise l'autre) ; ce charbon, après plusieurs lavages en grand , avait encore retenu de l'acétate de soude ; je le calcinai au rouge dans un creuset fermé , le lavai ensuite à grande eau jusqu'à épuisement total de la soude qu'il contenait (résultant de la décomposition ignée de l'acétate) ; après l'avoir de nouveau calciné légèrement , je le réduisis en poudre impalpable et j'obtins ainsi un charbon (1) dont le pouvoir décolorant essayé était égal , à très-peu près , à celui du *noir animal ordinaire* , et par conséquent six fois plus fort que celui des charbons végétaux en général , que celui du charbon de certaines matières animales ci-dessus énumé-

(1) J'ai remis à la Société de pharmacie un échantillon de ce charbon végétal , afin qu'on pût répéter l'essai comparatif de son pouvoir décolorant.

rées (le noir de fumée, etc.). Or, je n'aperçois encore, entre ce charbon et le *noir animal*, d'autre rapport que l'état particulier dans lequel se trouve le carbone divisé.

Deuxième essai : après avoir choisi des os d'une nature spongieuse (la matière osseuse contenue dans l'intérieur des cornes de bœuf), je les ai dépouillés de tous les produits volatils et de leur carbone par l'incinération ; j'ai fait imbiber d'une dissolution de sucre à 10° le résidu de phosphate de chaux blanc obtenu ; j'ai calciné dans un creuset fermé ; après avoir répété ces imbibitions et calcinations successives, deux fois ; j'obtins un résidu charbonneux d'une apparence terne qui présentait seulement quelques points brillans : après l'avoir réduit en poudre très-fine, il avait un pouvoir décolorant égal à celui du *charbon végétal ordinaire*; or, à poids égal, ce charbon ne représente pas vingt centièmes du carbone pur contenu dans le *charbon végétal* : donc, par ce moyen, l'action décolorante du carbone a été décuplée, et je ne doute pas qu'à l'aide de quelques précautions de plus, on ne parvînt à composer ainsi un charbon aussi actif que le *noir animal*.

Troisième essai : les marcs de soude, parfaitement épuisés et complétement désséchés, donnent un résidu charbonneux, qui pulvérisé agit sur les matières colorantes avec une force égale à celle du charbon végétal ordinaire : or, ces résidus ne contiennent pas cinquante centièmes de charbon pur ; ils ont été obtenus de la torréfaction du charbon *végétal ordinaire* avec la soude ; donc dans ce cas le pouvoir décolorant de ce charbon a été doublé. Quelle cause autre que l'état particulier du carbone pourrait-on assigner à ce phénomène ?

En rassemblant toutes les données acquises que j'ai exposées dans ce mémoire, il me semble qu'on peut en tirer les conclusions suivantes :

1°. Le pouvoir décolorant des charbons en général dépend de l'état de division *chimique* dans lequel leur carbone se trouve (1) ;

2°. Que dans les divers charbons le *carbone* agit seul sur les matières colorantes , qu'il les rend insolubles et les précipite en s'unissant avec elles ;

3°. Que dans l'application du charbon animal au *raffinage* du sucre , son action se porte aussi sur les matières extractives, puisqu'il favorise singulièrement la cristallisation ;

---

(1) On peut considérer l'état physique du charbon animal comme la cause essentielle de son action ; mais il me semble plus convenable de regarder cet état particulier comme une division chimique , puisque les moyens mécaniques ne peuvent la produire. (*Le noir de fumée ne décolore pas sensiblement plus que le noir végétal.*)

4°. Que d'après les principes ci-dessus, l'action décolorante des charbons peut être modifiée au point que les plus inertes deviennent les plus actifs ;

5°. Que la distinction qu'on a voulu établir entre les charbons animaux et les charbons végétaux est impropre, et qu'on peut lui substituer celle de *charbons ternes* et de *charbons brillans ;*

6°. Que parmi les substances étrangères au carbone dans les charbons en général, et dans le charbon animal particulièrement, celles qui favorisent l'action décolorante n'ont qu'une influence de position relative seulement au carbone (1), qu'elles lui servent d'auxiliaires en isolant toutes ses parties les unes des autres, et le présentant ainsi plus libre à l'action des matières colorantes.

DEUXIÈME PARTIE.

Application au raffinage du sucre.

Après avoir terminé l'exposition des faits relatifs à la théorie de l'action des charbons sur les principes colorans, je pense que l'on trouvera ici avec quelque intérêt des observations faites sur les applications du *noir animal* et du *noir végétal* au raffinage du sucre et à la fabri-

(1) En sorte qu'isolées leur action est nulle.

ration du sucre de betteraves, et l'explication de quelques anomalies que l'on a cru remarquer dans l'emploi de ces charbons ; j'y ajouterai les principes de la construction d'un instrument (*décolorimètre*) que je me propose de publier sous peu, dont le but sera de mesurer exactement l'action des charbons sur la matière colorante du sucre.

La plupart des raffineurs ont remarqué qu'ils obtenaient de l'emploi du charbon animal dans un état de calcination peu avancé (1), tantôt des effets merveilleux, tantôt des décolorations peu sensibles. Ayant aussi observé des variations considérables dans l'application du *charbon végétal* au raffinage du sucre, ils ne savaient à quoi attribuer ces différences d'action, qui n'ont pas même encore été expliquées jusqu'ici.

Des observations nombreuses sur les opérations des raffineries m'ont mis à portée de me rendre compte de ces différens phénomènes.

Si l'on considère l'état dans lequel se trouve accidentellement le sucre brut, à son arrivée des colonies, résultant de l'altération produite

(1) Ainsi qu'il se préparait quelquefois dans nos fabriques, avant que cette fabrication y fût bien régulière, et que j'eusse reconnu le degré de calcination le plus utile.

par la fermentation qu'il a subie dans les transports, on expliquera facilement les effets, en apparence contradictoires, que produit dans le traitement de ces sucres le *noir mal cuit* (charbon d'os peu calciné).

Les caractères particuliers de ces sucres sont d'être acides, de produire des dissolutions visqueuses, de contenir une moindre quantité de sucre cristallisable (1) : la proportion de carbonate de chaux, et la très-petite quantité d'ammoniaque contenue dans les noirs bien calcinés, ne suffisent plus à saturer l'acide développé, tandis qu'il se dégage du charbon d'os moins calciné, lors de son immersion dans le sucre *fondu*, un equantité d'ammoniaque assez considérable, non-seulement pour saturer tout l'acide, mais pour réagir encore, par son excès, sur la matière visqueuse, la rendre beaucoup plus fluide et faciliter ainsi la cristallisation ; les sucres *s'égouttent* et se terrent plus facilement ; ils sont plus blancs lorsqu'ils sortent de la *forme*, que ceux qui ont été traités par le charbon bien calciné, quoique les sirops de ces derniers aient été mieux décolorés : lorsque ce cas se

---

(1) Tous ces caractères se développent aussi lorsque, dans une raffinerie, on a employé pour fondre du bon sucre brut des *eaux de lavages aigries*, ou des sirops fermentés.

présente, on peut suppléer l'action particulière au *noir mal cuit*, par une addition d'ammoniaque dans la dissolution de sucre, avant d'y projeter le noir animal bien calciné. Dans la plupart des raffineries on produisait cet effet utile, de saturer l'acide développé dans le sucre brut par la fermentation, en employant de l'eau de chaux ; cette méthode était une fraction de l'ancien procédé de raffinage et présentait bien quelques-uns de ses inconvéniens; mais le *charbon animal* remédiait à la plus grande partie. Comptant même sur l'action particulière de ce dernier agent, j'ai conseillé, pour le cas d'un excès d'acidité et de viscosité des sucres, l'emploi du *lait de chaux ;* voici ce qui se passe dans cette opération : tout l'acide formé est à l'instant saturé par la chaux ; l'excès de cette dernière substance se porte immédiatement après sur les matières extractives (1) qu'elle rend plus fluides, mais en même temps plus colorées ; si on laisse son action se prolonger encore, le sucre lui-même est altéré, et une partie se convertit en une matière gommeuse incristallisable : il est donc important d'arrêter à temps

(1) Si on traite ainsi le jus de betteraves, la chaux réagit sur l'albumine végétale qu'elle rend insoluble en s'y combinant, et à l'aide de la chaleur l'entraîne en écumes : cette opération est connue sous le nom de *défécation*.

cette altération (1) ; on y réussit complétement par l'addition du noir animal ; il me semble qu'on pourrait donner ainsi l'explication de ce phénomène : l'acide carbonique (pur ou combiné à l'ammoniaque) condensé dans ce charbon, s'en dégage au moment de son immersion dans le sirop, sature une partie de la chaux dissoute ; le sous-carbonate de chaux se précipite avec le charbon qui entraîne aussi par une action mécanique la précipitation de la chaux en suspens (2). Si cette opération est conduite avec soin, on pourra parvenir à éviter presque totalement l'altération du sucre.

---

(1) Cette altération une fois produite, la saturation de la chaux ne rétablirait pas la propriété cristallisable du sucre.

(2) On a voulu mettre en doute cette action complexe du charbon animal, qui m'est bien démontrée ; je l'ai remarquée la première fois dans le traitement du jus des betteraves, et j'ai d'ailleurs indiqué un moyen fort simple d'en avoir une preuve bien certaine : que l'on prenne 200 grammes d'eau saturée de chaux et filtrée, qu'on la sépare en deux parties égales ; que l'on fasse bouillir quelques secondes l'une des deux avec dix grammes de charbon animal ordinaire, qu'on filtre ; on obtiendra une liqueur claire qui ne précipitera nullement par l'oxalate d'ammoniaque, tandis que l'autre partie, comme on sait, donnera un précipité abondant : ni le *charbon végétal* ni le *noir de fumée* n'ont cette propriété d'enlever la chaux en dissolution.

Donc le charbon animal produit encore dans certaines *circonstances cet* effet utile *de saturer la chaux* : action secondaire d'une grande importance dans plusieurs cas, pour le raffinage du sucre des colonies, mais bien plus généralement encore dans la fabrication du sucre des betteraves (1).

On a depuis long-temps remarqué les va-

---

(1) Monsieur le comte *Chaptal* m'a dit, après la lecture que j'ai eu l'honneur de faire de ce mémoire à la séance du 1er. mai 1822, qu'il était d'accord avec moi sur tous les points de la théorie que j'expose ici.

Parmi les nombreuses observations que M. le comte a faites dans le cours d'une grande exploitation de betteraves, je citerai ici l'une d'elles, qu'il a eu la bonté de me communiquer, et qui fait voir toute l'importance de précipiter entièrement la chaux contenue dans les sirops, et de paralyser ainsi ses effets nuisibles sur le sucre, ce qui démontre encore, par une ingénieuse application que M. *Chaptal* en a faite, que le charbon animal a cette propriété.

L'altération produite par la chaux sur le sucre en dissolution étendue dans le jus de betteraves, devient surtout sensible par les effets marquans qu'il produit par degrés, au fur et à mesure que le liquide se rapproche davantage, et surtout lorsque les sirops clarifiés qui en proviennent sont versés dans la *chaudière à cuire*, pour être concentrés au point nécessaire à la cristallisation ; la matière extractive visqueuse, qui résulte de cette action de la chaux, s'attache aux parois et au fond des chaudières, s'y caramélise, s'élève, en se boursoufflant au moindre coup de

riations très-sensibles du charbon végétal, dont l'action décolorante, très-faible en général, ainsi que nous l'avons dit, en raison de sa for-

---

feu, au-dessus des bords et réduit quelquefois la totalité du liquide en une sorte de mousse permanente : on conçoit qu'alors cette dernière opération devient fort difficile et donne lieu à une altération du sucre beaucoup plus grande encore ; il arrive même que l'on obtient dans ce cas, au lieu d'une cristallisation abondante, une sorte de magma transparent, très-coloré, d'un goût désagréable, etc. Il semblait impossible de remédier à cet accident, lorsqu'il se présentait si tard (quelques minutes avant la fin de l'opération) ; M. *Chaptal* y est cependant parvenu par un procédé bien simple : il fit jeter dans une *chaudière à cuire*, au moment où ces symptômes d'une altération complète du sucre commençaient à se manifester, quelques poignées de charbon animal ; à l'instant la mousse fut réduite, l'ébullition se rétablit avec ses caractères ordinaires et se continua avec la plus grande facilité ; le noir en nature resta tout entier dans le sirop rapproché et fut coulé avec lui dans les formes, où il resta mêlé avec les cristaux de sucre qui se formèrent.

M. *Chaptal* voulut rendre le succès de ce moyen plus assuré encore, en y combinant l'effet d'un corps gras : pour cela il fit pétrir du beurre avec de la poudre de charbon animal. Cette sorte de pâte était d'un emploi plus facile, et son action était plus prompte encore.

Il résulte enfin de l'observation de M. *Chaptal* que le charbon resté engagé dans la cristallisation du sucre était éliminé complétement par le raffinage de ce sucre brut, sans présenter le moindre embarras.

me vitreuse, ne produit quelquefois pas même de décoloration sensible; il arrive au contraire que les sirops sont plus colorés après leur clarification au *noir végétal* qu'avant : ces effets sont en général dus aux deux causes suivantes.

1°. Le charbon de bois contient une petite quantité de potasse, dont l'action sur le sucre est analogue à celle de la chaux, plus énergique même et plus nuisible encore. Le poussier du fond des grands bateaux, que l'on emploie à la préparation du charbon végétal, est quelquefois assez bien lavé par les eaux de pluie pour être presque entièrement dépouillé de la potasse qu'il contenait ; d'autres fois, au contraire, ce poussier renferme tout l'alcali que les eaux pluviales ont ramassé en traversant toutes les couches supérieures du charbon, dont la hauteur est ordinairement assez considérable (de six à huit mètres), et il suffit non-seulement à saturer tout l'acide que peut contenir le sucre, mais encore l'excès de potasse, en réagissant sur la matière extractive et sur le sucre, peut, dans quelques circonstances, masquer tout l'effet décolorant du charbon et même dépasser ce point, donner lieu à une coloration sensible, et rendre incristallisable une certaine quantité de sucre.

2°. Lorsque la carbonisation du bois a été inégalement opérée, ce qui arrive fréquemment surtout par le *procédé des forêts*, le plus généralement employé, il reste des fumerons (ou morceaux de bois à demi carbonisés) dont toutes les parties volatiles, les produits goudronneux, n'ont pas été enlevés.

Ces fumerons dégagent encore ces gaz après que la carbonisation de toute la masse est terminée ; ils sont absorbés par les morceaux de charbon environnans ; et le *charbon végétal* qui résulte du broiement de ces parties, colore les sirops dans lesquels on le projette, de même que des légumes à demi brûlés, ou pour ainsi dire caramélisés, foncent la couleur du bouillon.

Je me propose de publier un instrument (*décolorimètre*), à l'aide duquel j'obtiens la mesure exacte des actions décolorantes ; sa construction est fondée sur ce que l'intensité des couches colorées est en raison inverse de leur épaisseur ; ainsi, en prenant pour unité une nuance quelconque, on obtiendra ensuite tous les rapports de cette nuance à toutes les autres.

Il suffit pour cela d'avoir la mesure exacte de la hauteur perpendiculaire entre deux plans diaphanes qui comprennent le liquide coloré d'épreuve ; et pour terme de comparaison, de ramener à l'unité de nuance qu'on aura déterminée d'avance, en augmentant ou diminuant l'espace qui sépare les deux plans (1).

---

(1) On conçoit que cet écartement sera plus considé-

Pinwinet a pensé que, pour obtenir des résultats comparatifs qui pussent être conservés pour des époques ou des lieux différens, il serait bien de constater les nuances, relatives aux épaisseurs, sur une dissolution de platine faite dans des proportions déterminées.

De ce que nous venons d'exposer on peut donc conclure encore en application :

1°. Que le *charbon animal* a, outre son pouvoir décolorant, la propriété d'enlever la chaux en dissolution dans l'eau et les sirops ;

2°. Que l'emploi de l'ammoniaque est quelquefois utile dans le traitement des sucres ;

3°. Que le *charbon végétal*, dont le pouvoir décolorant est généralement très-faible, peut quelquefois ne pas décolorer du tout, et même donner lieu à une coloration plus forte ;

4°. Que, ni le charbon végétal ni quelques autres charbons ne peuvent enlever la chaux, à l'eau, ni aux sirops ;

---

rable en raison d'un effet décolorant plus marqué sur la liqueur d'épreuve, et *vice versâ*, et qu'on obtiendra facilement sa mesure par une graduation de degrés faite sur l'instrument : ainsi, par exemple, si l'on représente par 1000 le pouvoir décolorant du *noir animal* privé du phosphate de chaux, celui du noir animal ordinaire sera égal à 333 ; celui du *noir végétal* sera communément = 66, celui des cornes, du sang = 50 à peu près, et l'action de tous les charbons sera comprise parmi ces termes.

5°. Qu'à l'aide d'un instrument que je propose de nommer *décolorimètre*, il sera facile d'apprécier d'une manière exacte le pouvoir décolorant de tous les charbons.

TROISIÈME PARTIE.

Considérations sur le problème de la révivification du noir

Vous avez, messieurs, proposé un prix pour la découverte d'une substance qui eût un pouvoir décolorant égal à celui du noir animal, et dont le prix ne fût pas plus élevé, etc.; les faits contenus dans le mémoire que j'ai eu l'honneur de vous présenter me mettaient sur la voie de cette découverte, et j'allais tenter de nouveaux essais dans cette direction, lorsque quelques considérations que je vais avoir l'honneur de vous soumettre me firent penser que cette importante question pouvait être résolue plus directement.

Tout en employant mille moyens de répandre, le plus possible, l'emploi du noir animal dans nos raffineries, je craignais d'arriver, après tous ces efforts, à un résultat fâcheux; les procédés plus simples que j'avais établis dans l'application de ce produit au raffinage du sucre donnèrent une extension rapide à son usage qui bientôt devint général. Jusque-là notre fabrication, augmentée par degrés, suivait de près la consommation ; mais à chaque instant nous étions menacés de rester en arrière ; nous parvînmes cependant à maintenir l'équilibre entre la récolte des *matières premières*, (les os), la fabrication du charbon animal et les demandes, de plus en plus nombreuses, qui nous étaient adressées; nous sommes même arrivés aujourd'hui à ce but constant de tous nos efforts, de pouvoir encore encourager l'emploi du noir animal par une baisse dans nos prix, circonstance qui en détermine l'envoi dans nos provinces. Il est notoire que nous nous sommes toujours éloignés de ce système (utile peut-être dans le commerce), de profiter de l'affluence des demandes pour rançonner les consommateurs : ces spéculations qui ont pour premier effet d'entraver la marche des applications nouvelles ne conviennent pas aux fabriques ; il me semble que nous devons fonder nos bénéfices manufacturiers sur des bases plus solides, ne les augmenter qu'en multipliant les produits ; si nous voulons trop les élever, nous courrons encore ce danger de les voir renverser tout-à-fait en excitant ainsi une concurrence trop subite.

Les conditions de votre programme, messieurs, sont donc modifiées, et elles peuvent subir encore de plus grands changemens : en effet, déjà nous avons pu réduire à dix-sept francs quarante-six centimes les 100 kil. de noir animal, qui se vendaient vingt francs lorsque vous avez fondé votre prix. Il était donc nécessaire de vous exposer ces faits, et il m'a semblé utile de résoudre la question dans ce moment même, afin d'avertir que des recherches dans ce sens (quand même elles seraient couronnées d'un succès apparent), pourraient être réellement infructueuses, puisqu'elles ne présenteraient plus les résultats utiles qu'on en aurait espérés.

Parvenu, ainsi que je l'ai dit, à augmenter la fabrication, diminuer les prix et accroître la consommation du noir animal, cette simple exposition de faits positifs semblait suffire à la solution du problème que vous avez proposé; j'aurais pu y ajouter que les appareils de nos fabriques venaient tout récemment d'être augmentés dans la proportion de deux à trois; que l'établissement d'une machine à vapeur allait bientôt ajouter à la régularité de notre travail et augmenter nos moyens de production; mais on aurait pu encore me présenter une objection.

Les matières premières recueillies en France suffiront-elles à la production de tout le noir animal nécessaire à nos raffineries, lorsque toutes emploieront cette substance décolorante?

Ne voulant pas m'en tenir à résoudre la question par le fait, je rechercherai d'autres élémens d'une démonstration exacte.

Les os recueillis dans Paris, et sur quelques points aux environs, suffisent en ce moment à alimenter nos fabriques, et on va voir, d'après la production réelle, qu'il serait facile d'augmenter beaucoup la quantité de ceux que l'on y ramasse : plus tard j'en proposerai les moyens.

En prenant les résultats d'un ouvrage sur la richesse territoriale de la France, publié par *Lavoisier* en 1791, on trouve que les divers bestiaux consommés annuellement dans Paris sont dans la proportion suivante :

	Nombre.	Poids en livres.
Bœufs, ...	70,000, ...	49,000,000.
Vaches, ...	18,000, ...	6,480,000.
Veaux, ...	120,000, ...	8,640,000.
Moutons, ...	350,000, ...	17,500,000.
Cochons, ...	35,000, ...	7,000,000.
Viande entrée en morceaux, . . .	», ...	1,380,000.
	593,000, ...	90,000,000.

Si l'on consulte un ouvrage plus récent, publié en 1821, par les ordres de M. le comte de *Chabrol*, préfet de la Seine, intitulé, *Recherches statistiques sur la ville de Paris et le département de la Seine, etc.*, on trouvera que la consommation de la ville de Paris, extraite des registres des octrois, des résultats des ventes sur les marchés, et autres documens authentiques, est, année moyenne (prise sur dix ans), de

	Bestiaux,			Poids en kilogrammes.
Bœufs, ...	71,550	×	350, .	25,112,500.
Vaches, ...	8,500	×	250, .	2,125,000.
Veaux, ...	76,500	×	45, .	3,442,500.
Moutons, . . .	339,650	×	20, .	6,793.000.
Porcs, ...	70,500	×	60, .	4,530,000.
Viande à la main, ...				598,400.
Abats, ...				115,400.
				42,716,800.

On voit que les résultats de ces deux tableaux ne diffèrent pas de beaucoup; nous adopterons les derniers qui sont plus faibles, et en y ajoutant la consommation des environs de Paris et la fraude aux barrières, quantité qui s'élève à plus d'un dixième :

ci, ...	4,270,000.
Report d'autre part, ...	42,716,800.
La consommation totale sera, ...	46,986,800.

Il conviendrait d'y ajouter encore les chevaux abattus annuellement, dont il serait facile de ramasser les os que l'on parviendrait à utiliser dans cette fabrication, si l'approvisionnement des matières premières manquait : le relevé exact de ce que les divers écarisseurs ont abattu dans le courant de l'année 1821 est de 7,150 chevaux, à 160 kilogrammes.

ci, ...	1,143,000 kil.
Total ci-dessus, ...	46,986,800
Poids total des viandes en os, . . .	48,130,800
Les peaux et les intestins n'étant pas compris dans cette somme, les os y sont dans la proportion d'un quart, .	12,032,700
Supposons qu'il ne soit pas possible de remasser plus du tiers de cette quantité d'os produits chaque année, . . .	4,032,700
qui produiront en noir animal, tous les déchets, pertes, etc. compris, au moins	2,419,620
Ce noir, appliqué au raffinage, équivaudra en sucre brut, ...	24,196,200
Or, suivant un relevé exact des douanes, la quantité de sucre brut importé est de, ...	42,000,000
En y ajoutant le produit de quinze fabriques de sucres de betteraves, à 5,000 kil. chaque, ...	75,000
Le maximum du sucre brut se renouvelant en France chaque année sera de	42,075,000 kil.

Report ci-contre, . . 42,075,000

Sur quoi retranchant le sucre consommé à l'état brut demi-terré, etc., pour lequel on n'emploie pas de noir animal équi-

Report d'autre part,	42,075,000	
valant 1/20e. au moins,	2,103,750	
Total net du sucre à raffiner, ...	39,971,250	39,971,250
Les os de Paris suffisent au raffinage de		24,196,200
C'est plus de moitié, et il ne reste plus à traiter par le noir, provenant des os que produisent tous les autres départemens de la France, que		15,775,050

Or, suivant l'ouvrage précité de *Lavoisier*, la consommation totale de la viande en France serait de 1,121,400,000 liv. = 592,100,000 kil., et ce résultat est trop faible en effet dans cette évaluation; il n'entre qu'un nombre de

Bœufs, ...	397,000
Vaches, ...	460,000
Total, ...	857,000

Tandisque, suivant un mémoire sur le commerce de la France, imprimé en 1789, il se produit annuellement en peaux de bœufs et vaches au moins 1,500,000 cuirs.

Ce qui indiquerait plus que le double de la quantité trouvée par *Lavoisier*.

Arnault avait supposé la quantité de viande consommée en France beaucoup plus forte : sans compter les détritus, il pensait qu'elle devait s'élever à 3,600,000,000 livres au moins.

Lagrange, le mathématicien, pensait aussi que la consommation indiquée par *Lavoisier* était trop faible de moitié.

Enfin, si nous comparons le fonds du bétail en France et celui qui existe en Angleterre, à la population des deux pays, nous trouverons les résultats suivans :

FONDS DE BÉTAIL EXISTANT

(SAUVEGRAIN 1806)

	EN FRANCE.		EN ANGLETERRE.	
Bœufs, .	760,590	Valeur en argent.	1,003,482	Valeur en argent.
Vaches, .	3,194,394		1,337,976	
Jeunes bêtes à cornes, . .	2,129,576		2,229,960	
Bêtes à laine, .	30,307,600		28,989,480	
	36,392,160	— 901,114,420 f.	33,560,898	— 1,027,565,568 f.

A cette époque, la population des deux pays était :

France, ... 32,691,263,
Angleterre, ... 9.000,000.

Donc en établissant le rapport :

ANGLETERRE.		FRANCE.		
Population,	Bestiaux.	Population,	Animaux.	Quantité réelle.
9,000,000 :	33,560,898 ::	32,691,263 :	121,205,339,	au lieu de.. 33,560,898.

On voit que la quantité de bestiaux existans

en fonds devrait être au moins triplée en France, pour atteindre le rapport que présente l'Angleterre.

Si l'on cherche quelle est la proportion relative d'argent employé à cette masse réservée d'animaux, dans les deux pays, on trouvera une différenee bien plus considérable encore; on verra que la population anglaise dépense proportionnellement pour ce fonds de réserve plus de quatre fois autant que la population française.

Or de toutes les consommations celle de la viande est l'indice le plus certain de la richesse nationale; elle est en raison inverse de celle du blé, en raison directe de l'industrie : donc, pour obtenir des résultats comparatifs exacts entre l'état industriel des deux nations, il faut établir un rapport entre les relations déjà obtenues du blé à la viande; d'après ce mode d'opérer dont nous pourrions faire ici l'application, les différences ressortiraient bien plus sensibles encore.

Donc, de quelque manière que l'on puisse envisager la chose, les résultats de *Lavoisier* ne peuvent être que des *minimum* de consommation, soit que l'on suppose qu'il ait évalué au-dessous de la quantité réelle, ce qui paraît certain, soit que l'on considère le développement rapide de l'industrie, dont l'accroissement ne peut manquer d'être proportionnel à la consommation de la viande.

Or, ce minimum, comme nous l'avons dit, est égal à 592,000,000 kil., représentant au moins en os 148,022,222 : supposons qu'on ne puisse en recueillir que la vingtième partie = 7,401,111 kil., représentant 4,440,666 kil. de noir animal, équivalant en sucre 44,406,600 ; c'est encore près de trois fois plus qu'il ne restait de sucre à raffiner. Quelques considérations encore viendraient militer en faveur du *charbon animal*, si l'on proposait de lui substituer une autre matière décolorante, et feraient pencher la balance de son côté. Toutes choses égales d'ailleurs, ces avantages qui résultent de l'emploi du charbon animal sont :

1°. De donner lieu à la production proportionnelle de sels ammoniacaux : relativement à l'un d'eux, le sel ammoniac proprement dit; nous sommes parvenus à soutenir la concurrence que l'entrée en fraude nous oppose de temps en temps ; nous pourrions même en exporter des quantités importantes, si nous étions favorisés d'un *drawback* (1) équivalant le prix du droit que nous payons au gouvernement sur le sel marin ; l'autre, le sulfate d'ammoniaque (dont la fabri-

---

(1) Droit restitué à la sortie.

cation particulière ne nous présente presque plus de bénéfice, en raison de la baisse considérable que nous avons fait subir à ce produit pour en déterminer le placement); ce sulfate, dis-je, favorise singulièrement la fabrication de l'alun; il donne lieu à la production de six fois son poids de ce dernier sel, et contribue peut-être à soutenir encore cette fabrication, si précaire aujourd'hui, quoique si importante en France.

Enfin j'ai observé, depuis ces nouvelles modifications apportées dans le travail des raffineries, que les résidus du noir employé au raffinage du sucre pouvaient dans beaucoup de circonstances activer la végétation d'une maniere très-utile; j'ai déjà acquis beaucoup de données certaines des avantages que présente, sous ce rapport, cette matière que les raffineurs étaient obligés de transporter dans les décharges publiques: déjà des quantités considérables ont été répandues avec fruit dans notre plaine de Grenelle et sur quelques autres points de grandes cultures, et je me propose de publier les effets observés de cet engrais nouveau, qui ne peut manquer d'être employé bientôt en totalité et fort utilement.

Je récapitulerai ici toutes les conclusions qu'on peut tirer des faits exposés dans les trois parties de ce mémoire, afin de les présenter en un seul tableau :

1°. Que le pouvoir décolorant des charbons en général dépend de l'état de division dans lequel ils se trouvent ;

2°. Que dans les divers charbons le *carbone* agit seul sur les matières colorantes ; qu'il les précipite en s'unissant avec elles ;

3°. Que dans l'application du charbon animal au *raffinage* du sucre, son action se porte aussi sur les matières extractives, puisqu'il favorise singulièrement la cristallisation ;

4°. Que d'après les principes ci-dessus, l'action décolorante des charbons peut être modifiée au point que les plus inertes deviennent les plus actifs ;

5°. Que la distinction qu'on a voulu établir entre les charbons animaux et les charbons végétaux est impropre, et qu'on peut lui substituer celle de charbons *ternes* et de charbons *brillans ;*

6°. Que les substances étrangères au carbone dans les charbons en général, et dans le charbon animal particulièrement, celles qui favorisent l'action décolorante, n'ont qu'une influence de position relative seulement au carbone ; qu'elles lui servent d'auxiliaires, en isolant toutes ses parties les unes des autres, et le présentant ainsi plus libre à l'action des matières colorantes ;

7°. Que le charbon animal, outre son pouvoir décolorant, a la propriété d'enlever la chaux en dissolution dans l'eau et dans les sirops ;

8°. Que l'emploi de l'ammoniaque est quelquefois utile dans le traitement des sucres ;

9°. Que le charbon végétal, dont le pouvoir décolorant est très-faible, peut, dans certaines circonstances, ne pas décolorer du tout et même donner lieu à une coloration plus forte ;

10°. Que ni le charbon végétal, ni quelques autres charbons, ne peuvent enlever la chaux à l'eau ni aux sirops ;

11°. Qu'à l'aide d'un instrument, que je propose de nommer *décolorimètre*, il sera facile d'apprécier d'une manière exacte le pouvoir décolorant de tous les charbons ;

12°. Que la fabrication du noir suffit en ce moment à la consommation de ce produit en France ;

13°. Que les matières premières, en France, les os, dont la quantité doit encore augmenter, sont déjà en proportion bien plus considérable qu'il ne faut pour produire tout le *noir animal* nécessaire aux raffineries, quelleque soit l'extension probable que l'on pourrait donner au raffinage du sucre ;

14°. Que l'application de ces données relativement au problème proposé par la Société d'Encouragement, de trouver une matière décolorante, etc., « qui pût être substituée au noir animal, » tranche le nœud de la difficulté ;

15°. Que la fabrication des produits ammoniacaux est liée maintenant à celle du noir animal, et doit, toutes choses égales d'ailleurs, mériter la préférence à ce dernier produit sur d'autres substances décolorantes, et déterminer son emploi ;

16°. Que cette préférence doit encore être accordée au charbon animal, en raison de l'engrais nouveau qui résulte de son emploi dans le raffinage du sucre.

FIN.

www.ingramcontent.com/pod-product-compliance
Lightning Source LLC
LaVergne TN
LVHW012002160826
845678LV00002B/671

* 9 7 8 2 3 2 9 6 7 2 4 8 9 *